向南飞 向北飞

大悦 王婷 安画 著

中国林业出版社
China Forestry Publishing House

序言

　　湿地被誉为"地球之肾""物种基因库"，与森林、海洋并称为地球三大生态系统，是重要的自然资源，也是人类经济社会可持续发展的战略资源。2022年是中国加入《关于特别是作为水禽栖息地的国际重要湿地公约》（简称《湿地公约》）30周年。30年来，我国大力推进湿地保护与修复，湿地生态状况持续改善，生物多样性日益丰富，湿地保护率超过50%，同时，为全球湿地保护合理利用作出了重要贡献。我国首部专门针对湿地保护的法律——《中华人民共和国湿地保护法》的正式施行，引领我国湿地保护工作全面进入法治化轨道。

　　我国东北三江平原是亚洲最大的淡水湿地之一，不仅是我国东北的生态安全屏障，更是国家粮食安全的"压舱石"。20世纪50年代，三江平原的大规模开垦导致湿地面积骤减，经过多年的退耕还湿和退化湿地恢复，如今三江平原湿地生态环境得到全面改善，人与自然和谐共生，为珍稀濒危鸟类的繁衍、栖息提供了安全保证，是鸟类迁徙的重要通道。

　　湿地生态系统的保护是一项长期而艰巨的任务，需要付出驰而不息的艰苦努力，才能奏响更多人与自然和谐共生的动听音符。美好的生活，从来不止于经济，还在于舒适的宜居环境和绿色的生态环境。中国林业出版社组织编写的这本书让读者在阅读中感受到湿地与人类的生存、发展息息相关，保护湿地就是守护人类的未来。这本书的科学顾问东北林业大学邹红菲教授团队和黑龙江挠力河国家级自然保护区多年来致力于湿地野生动物保护、自然保护地生态保护与恢复等方面的研究工作，为湿地保护事业作出了重要贡献。本书以充满童趣的语言从湿地水鸟的繁殖地说起，向广大读者娓娓道来湿地水鸟的迁徙，并引出了精彩的幕后故事，同时详细介绍了目前湿地的保护措施。三位年轻的作者大悦、王婷和安画通过轻松的文字和精美的图画，将科学的严谨和读者的心灵联系起来，在科学、文学和艺术之间架起一座桥梁，让阅读不仅富有知识性和趣味性，同时唤起公众对湿地保护和野生动物保护的关注。我希望通过这本书帮助广大读者，尤其是青年朋友，树立敬畏自然、顺应自然、保护自然的生态观，并在他们心中播下热爱科学的种子，聚起生态环境保护的磅礴力量，用自己的实际行动守护好祖国的绿水青山。

　　是为序。

中国工程院院士、野生动物保护专家　**马建章**

2022年10月

前言

你知道，候鸟为什么迁徙吗？

有人说，候鸟迁徙是因为北方冬季气温降低，鸟儿承受不住北方的寒冷。也有人说，北方冬季季节性的食物匮乏，让鸟儿不得不向食物多的南方地区迁徙。无论是哪种假说，迁徙似乎成为某些鸟刻在基因里的本能，能够不厌其烦地奔走在两个家园之间——春夏季在繁殖地出生、成长，然后飞向温暖的越冬地，直到第二年春天来临再次返回，抚育下一代。

湿地是候鸟经常选择停歇的地方，湿地帮助候鸟迁徙，完成候鸟的使命。其实，迁徙也是人类一生的课题。我们在一个地方出生，那里山清水秀，吃穿不愁，但许多人并不满足于此，青年时总向往着远方——并不是家乡不好，而是未知的目的地，激发了我们探索的欲望。我们像故事中的候鸟一样，历经晴雨、迷途，最后意识到候鸟往复迁徙中自有节律，而人生的起落往复，每一个当下，又何尝不是永远。

人与自然的关系也是一样。和谐共存并非抽象而美好的远方，而是由一个个"有意识"的当下组成。本书旨在揭示这种"意识"。我们或许意识到世界不是以个人的意志为转移的，意识到每个人都有不同的生活方式，意识到大自然是由人与非人物种以及无机环境共同组成的"多物种共存"的世界。万物联结，一方面会创造奇迹。比如，松茸的出现离不开松林，以及人类的适当干预；另一方面，也会造成未知的灾难。比如，水鸟栖息地红树林湿地的退化，增加了沿海居民遭受海啸侵袭的风险。共存的双重性，使人与万物成为命运共同体。

本书讲述了一对出生在东北的东方白鹳兄妹，南下追寻家族传说中神秘越冬地的故事。以鸟类的第一视角，展现了东方白鹳迁徙中的光影、晴雨和成长的烦恼。这对东方白鹳的迁徙路线位于东亚-澳大利西亚迁飞带，是经过中国境内的三条鸟类迁飞路线中的东线，这里平坦、富饶，是近年来城市发展与湿地保护修复并重的区域。本书不仅展现了多样的湿地类型和湿地保护措施，更呈现了人与自然和谐共存的样板。

本书共分为四章。第一章聚焦在两只东方白鹳"向南"和"向北"的出生地——黑龙江挠力河国家级自然保护区。保护区内多样性较高的薹草湿地为东方白鹳的繁殖提供了充足的食物和稳定的环境。人类的帮助也时刻为东方白鹳的成长保驾护航——人工巢穴的搭建、常态化的植物资源及数量的提升、土壤资源监测，都是近年中国境内东方白鹳种群数量提高的秘诀。

第二章则围绕东方白鹳家族集体向鄱阳湖迁徙，并且与白鹳群在渤海湾分别的经历。天津北大港湿地自然保护区是有名的候鸟中转"机场"，这里是专业鸟类观测人员发现鸟种新记录的黄金内海湾。与家人的分别是向南、向北成长的表现，路过江苏盐城湿地珍禽国家级自然保护区的红色"草原"是他们探险中第一个美丽的误会。

第三章描写了向南、向北在寻找短暂停歇地时，被新朋友白鹭推荐了江南湿地，并与圈养的"老乡"丹顶鹤打赌问路的两段故事。苏州同里国家湿地公园是江南传统湿地智慧与现代生态设计相结合的地方，水乡农耕生活、"魔术林"、生态廊道、水样采集、自然教育等深受留鸟喜爱的闲适生活场景，让东方白鹳兄妹一度犹豫要不要继续前行。好在他们对成长的渴望足够强烈，向南、向北一路加速，终于在广州长隆飞鸟乐园的丹顶鹤口中得知红树林近在咫尺！

第四章讲述了东方白鹳兄妹到达传说中的红树林湿地——香港后海湾（深圳湾）的米埔自然保护区，并在黑脸琵鹭的带领下对越冬环境进行了一番考察。这里是一块国际重要湿地，有着拼贴式的景观类型，由基围塘、红树林浅滩、高潮位栖息地、芦苇湿地和深水沟组成。这里的人为不同季节光临的候鸟，积极主动地提供水位管理，为当下充满不确定性的世界，提供一种多物种共存生活方式的启发。

本书鲜明的"拼贴式"自然绘画风格，将科学、文学和艺术有机结合，旨在构建一种生态文明下的自然审美。我们希望读者带着想象力去发现景观中的关键要素，并且意识到物种之间、物种与环境、非人物种与人类之间隐秘的联系。相信通过阅读，你会发现，东方白鹳的迁徙与人类的成长一样，一路上会遇到很多不同的物种和生活方式，比如，北大港的俄罗斯远东旅鸟大雁、同里的留鸟白鹭、广州圈养的丹顶鹤；也会惊叹于香港米埔水牛与牛背鹭的合作共生，人与水鸟的四季承诺。这些经历，伴随着东方白鹳北返的乡愁，将一只鸟的生命编织成首尾相衔的环。

本书有别于传统自然教育绘本，特别设置了知识点分享，融合了中国一线自然保护工作者的湿地管理理念与经验，让不同年龄层的读者对湿地有更全面的了解，号召大家将更多的热情投入中国湿地的保护与修复中。

当然，我们知道要让一个人行动起来，往往充满阻力。因此，我们希望借由此书，激发一种叙述的力量，因为相比于用事实论证，一个精彩的故事可以绕过变革的阻力，直达内心，让我们"意识到"湿地于鸟类非比寻常的意义。如同科研人员监测植物、土壤、水质是一种"意识到"的行动，把东方白鹳的故事传递下去也是一件"意识到"的事情，关注身边的一草一木，撰写我们与他们亲密的故事更是许多"意识到"的事情之一。

著者
2022年10月

目录

挠力河，我的故乡

眼下正是春光烂漫，挠力河像蛇一样蜿蜒流动，带着上游完达山牧场清澈的溪流。

它的端头就是千鸟湖试验区，自然薹草和人工栖息岛散布水中。湖的北边是水鸟们最喜欢的地方，人类修建了一些灌渠，分割着一块块漂筏薹草。在水鸟们的视角里，这儿不仅有他们爱吃的植物，还有数不清的微生物密布在水草之间，养育着诸多肥美的鱼虾。

有些鸟类选择一年四季都在这里生活，人们把他们称为留鸟。

南来北往的鸟途经这里，也会在这儿歇歇脚，人们将他们称为旅鸟或迷鸟。

东方白鹳则是在这里繁殖的候鸟。他们秋天飞向温暖的南方过冬，寒流过后又北返，回到老家筑巢、孵蛋。今年的小白鹳就将在这个春天破壳而出。

罕见
大巢穴

自然界里很少有这么大的鸟巢。这个巢的直径接近1.3米，几乎像一名一年级小朋友双臂张开这么大。就算体形庞大的东方白鹳，全靠自己的力量来搭建这个巢穴，也是费劲的。

现在，这个庞大的巢穴里躺着5个可爱的鸟蛋。鸟妈妈用一个星期的时间陆续生下了这些蛋，此后，又和鸟爸爸轮流用温暖的羽毛包裹着他们，一动不动地孵蛋。在这段时间里，这对父母的觅食便成了见缝插针的事情，途中遇到合适的树枝、草茎和动物毛发，也会捎回来持续加固这个温馨的家。

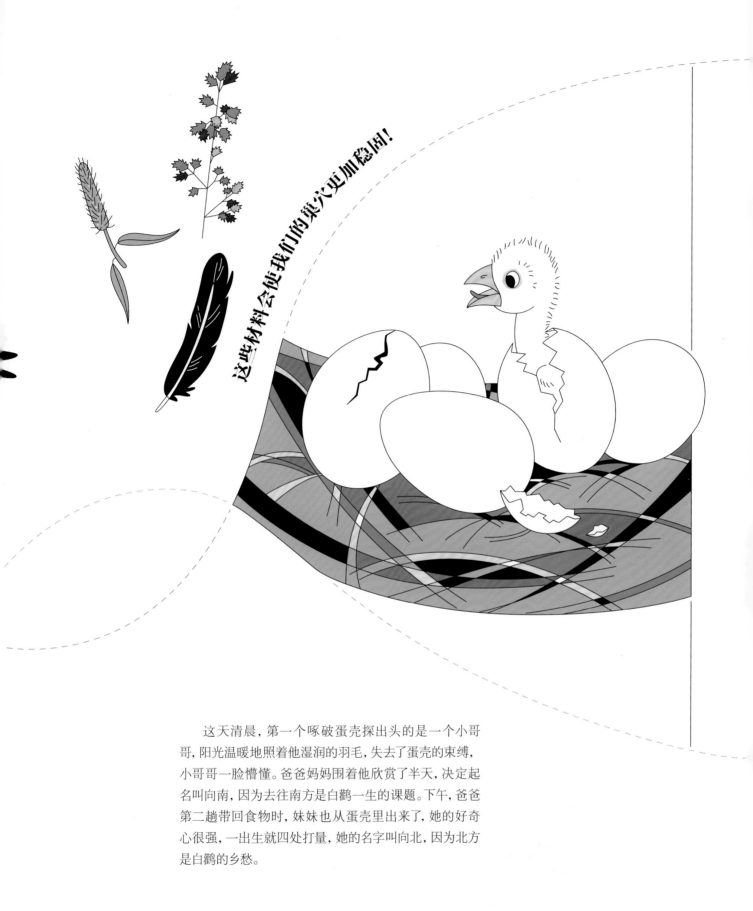

这些材料会使我们的巢穴更加稳固！

　　这天清晨，第一个啄破蛋壳探出头的是一个小哥哥，阳光温暖地照着他湿润的羽毛，失去了蛋壳的束缚，小哥哥一脸懵懂。爸爸妈妈围着他欣赏了半天，决定起名叫向南，因为去往南方是白鹳一生的课题。下午，爸爸第二趟带回食物时，妹妹也从蛋壳里出来了，她的好奇心很强，一出生就四处打量，她的名字叫向北，因为北方是白鹳的乡愁。

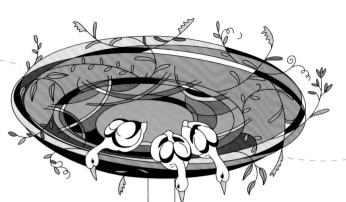

家中有鹳
初长成

过了几天，兄妹们已经能够探出头，观察自家楼下的情况。这些新生的小鸟认为自己是在一片绿色海洋上，这个想法当然有点儿浪漫，很快他们就会知道，他们的家其实是挠力河国家级自然保护区红旗岭管理站人工招引平台。这个平台比地面高出4米，是用直径15厘米的钢管制成仿树木形态的支架，不但稳固，也让爸爸和妈妈筑巢的工作变得更加简便。

平台下那一片绿色的海洋是松软的薹草。现在是薹草最美的时候，半透明的青嫩叶片，在清风吹拂下起伏摇摆。等这个颜色变成浓翠，就意味着小白鹳们学飞的时候到了。

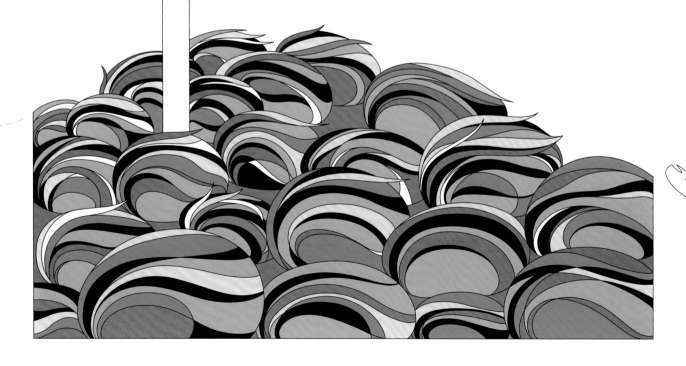

现在暂时还不会飞的小宝宝们无忧无虑，他们每天只需要快活地抖着白色绒毛，张开橙红色嘴巴，等着吃饭就够了。

每天清晨和黄昏，他们坐在家里，时而能看到爸爸和妈妈在开阔的地面或者水域上慢慢行走，啄食地面上的植物种子、草根，那些都是美食。有时爸爸安静地站在浅滩中，像一尊雕像纹丝不动，忽然，他迅捷地啄向水中，仰起头来甩出一串晶莹的水珠，嘴里一定有拼命挣扎的鱼或虾。宝宝们就会欢呼起来："又有好吃的啦。"

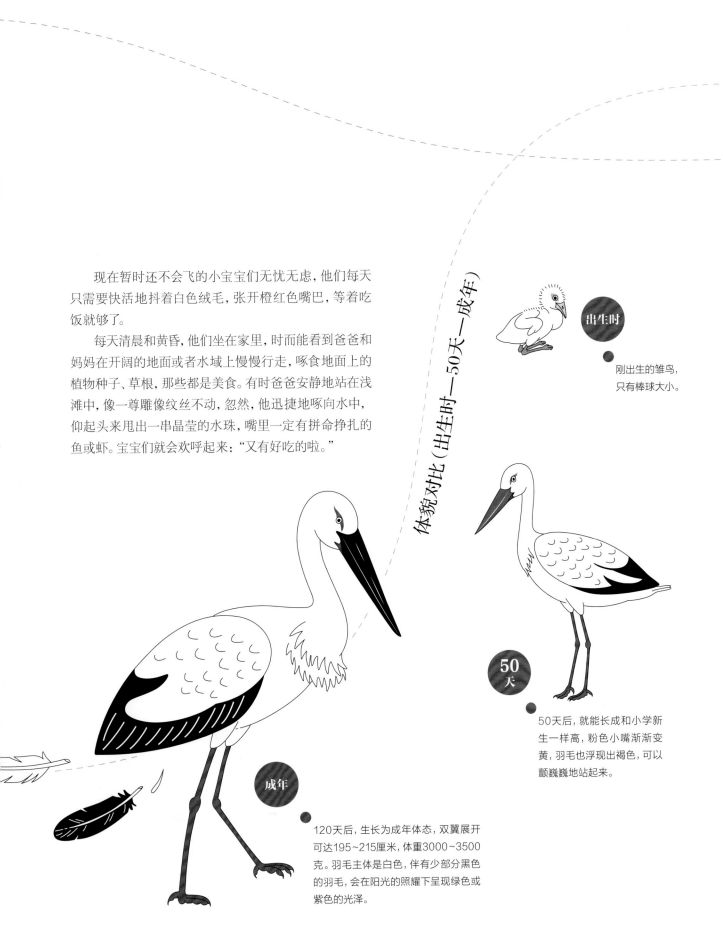

体貌对比（出生时—50天—成年）

出生时

刚出生的雏鸟，只有棒球大小。

50天

50天后，就能长成和小学新生一样高，粉色小嘴渐渐变黄，羽毛也浮现出褐色，可以颤巍巍地站起来。

成年

120天后，生长为成年体态，双翼展开可达195~215厘米，体重3000~3500克。羽毛主体是白色，伴有少部分黑色的羽毛，会在阳光的照耀下呈现绿色或紫色的光泽。

学飞，
就是感受空气

　　向南跌跌撞撞步行了接近十天，在家里的探索已经无法满足他。

　　这天天气晴朗，适合学飞。向南站在巢穴边举棋不定，最后深吸了一口气，跳出巢穴，一头栽了下去。

　　趴在窝里的弟弟妹妹们——向北、向山、向海都"啊"地惊叫起来，还好向南拼命扑腾着翅膀，在他就快要跌到地上的时候，似乎又飞起来了一些，最后连滚带爬地落了地。

　　爸爸飞了过来，教他如何用已经健壮有力的腿在开阔地助跑。向南一边跑一边张开翅膀，爸爸则在身后的空中大喊："起来！去感受与空气的接触！接触！"

　　向南感觉到风流了过来，托起了翅膀，每扑扇一下翅膀就会带起一股风的力量。来自翅膀两端的风力带着他渐渐升上高处，风很冷，但气流的力量更大。

天空
所见

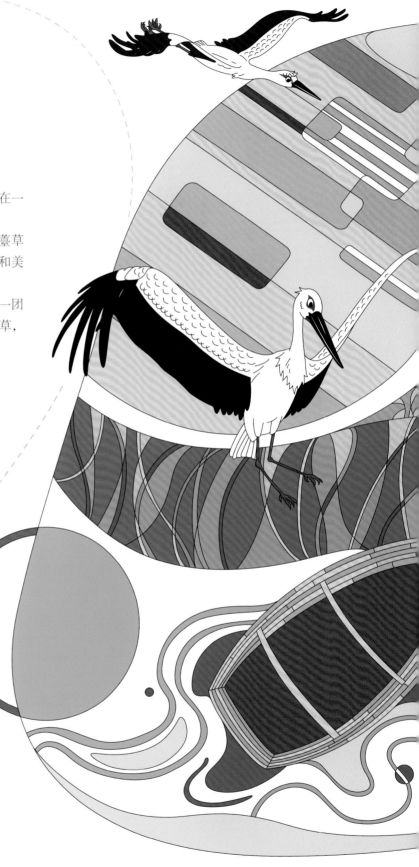

　　向南和向北是最早学会飞的孩子，他俩成天都在一起，商量着到处乱逛。

　　他们看见爸爸妈妈走过的草滩，是一大片漂筏薹草与水生植物的群落，大叶章、毛果薹草、狭叶甜茅和美丽的鸢尾，都蓬勃旺盛地生长着。

　　稍远一点的饶河管护站和雁窝岛自然保护区有一团一团的塔头薹草，原来那就是东北三宝之一的乌拉草，铺在窝里特别松软和温暖。

"这是家乡的样子。"向南在空中默默记着，有一种幸福的感觉。

在另一边建着853管理站，湿地中有排列整齐的田埂，这片浅水沼泽周围保留了垦区水稻田、大豆田，植物还没完全长出，呈现出土壤的黑色。许多候鸟伙伴们在这里栖息，分享年年南下的见闻和传说。

植物观察手记

在植物观察这件事情上，科研工作者有着更周详的方案。

1 在对一望无际的薹草和半人高的植物进行调查的时候，释放无人机，既能快速地寻找合适样地进行野外作业，同时又避免采样人员迷路。

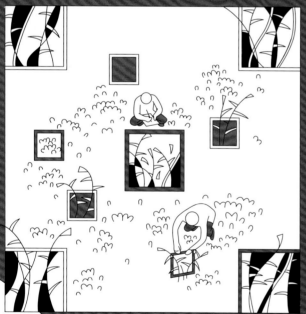

2 选好调查样地后，先划定1个10米×10米的大样方，再在大样方的四个角和中心分别设定1个2米×2米的小样方。另外，再设置5个1米×1米的随机样方，随机分布在大样方中。所有样方都要再用全球定位系统（GPS）标定经纬度、海拔、坡向、坡度。

3 调查样方内植物多样性。观察灌木植物及草本植物的生长状况，记录物种种类、株数、盖度等指标。把不认识的植物拍照留存，待返回实验室后与湿地植物分类图鉴进行对比鉴定。

土壤资源观察手记

做完植物观察后，人们还会在小样方附近挖1个土坑，记录土壤剖面特征并收集土壤样品进行土壤调查。

I 记录地形、地貌、成土母质等基本土壤信息。

2 在1米的范围内用铁锹垂直向下挖至50厘米深度。挖掘完剖面后，将观察面其中一边修成光滑面，另一边剔成自然状态，并对其进行观察记录。

 再用环刀取样。将环刀水平嵌入土壤垂直剖面，切割未搅动状态的自然土样。利用刀具或铲子将环刀挖出。但不能用旁边土壤填补这个洞（因为不同层次的土壤容重不一样，会影响土壤调查结果的准确性）。取出环刀内的样品，还要在每一层土壤里再取一部分土壤放入密封袋或铝盒并编号，用于后期进行实验室理化性质分析。

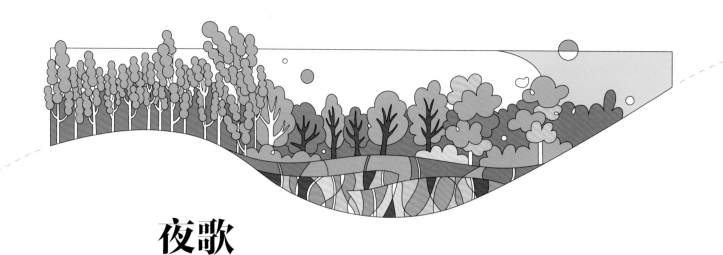

夜歌

　　天蓝幽幽的,远处树林显出黢黑的轮廓。林子里偶尔传出"嗷呜"的虎啸声,大家知道,这种名叫东北虎的金色大猫会在夜晚活动。

　　所有的小白鹳们都学会了飞,他们整天在附近练习,就连晚上都兴奋异常、跃跃欲试,时刻准备去探险。但黑夜是鸟儿们休息的时间,挠力河湿地的夜晚安静又清凉,白鹳妈妈哼着一首东北民歌哄孩子们入眠。

月儿明,风儿轻,树叶儿遮窗棂。

蛐蛐儿,叫铮铮,好比那琴弦声。

琴声儿轻,调儿动听,飞羽轻摆动。

娘的宝贝,睡在梦中。

梦见了红树林啊。

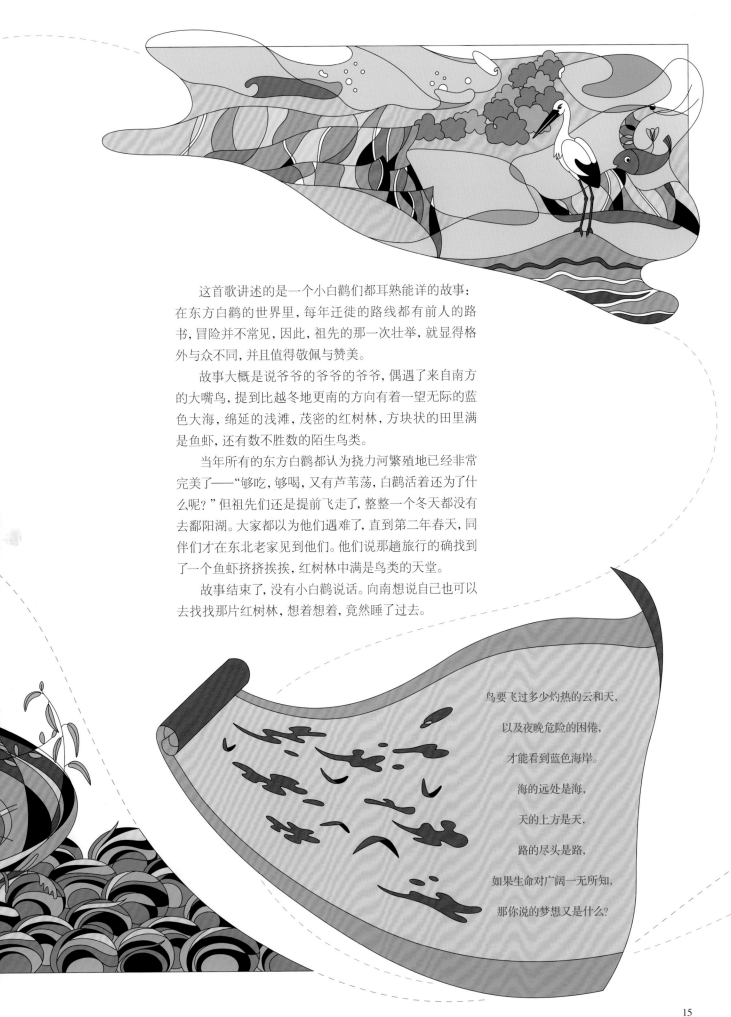

这首歌讲述的是一个小白鹳们都耳熟能详的故事：在东方白鹳的世界里，每年迁徙的路线都有前人的路书，冒险并不常见，因此，祖先的那一次壮举，就显得格外与众不同，并且值得敬佩与赞美。

故事大概是说爷爷的爷爷的爷爷，偶遇了来自南方的大嘴鸟，提到比越冬地更南的方向有着一望无际的蓝色大海，绵延的浅滩，茂密的红树林，方块状的田里满是鱼虾，还有数不胜数的陌生鸟类。

当年所有的东方白鹳都认为挠力河繁殖地已经非常完美了——"够吃，够喝，又有芦苇荡，白鹳活着还为了什么呢？"但祖先们还是提前飞走了，整整一个冬天都没有去鄱阳湖。大家都以为他们遇难了，直到第二年春天，同伴们才在东北老家见到他们。他们说那趟旅行的确找到了一个鱼虾挤挤挨挨，红树林中满是鸟类的天堂。

故事结束了，没有小白鹳说话。向南想说自己也可以去找找那片红树林，想着想着，竟然睡了过去。

鸟要飞过多少灼热的云和天，

以及夜晚危险的困倦，

才能看到蓝色海岸。

海的远处是海，

天的上方是天，

路的尽头是路，

如果生命对广阔一无所知，

那你说的梦想又是什么？

出发去南方

出发的日子快到了，爸爸、妈妈变得焦虑起来。他们要求孩子们多吃多睡，还要每日练习飞行，以应对即将到来的长途旅行。

在今年出生的东方白鹳中，向南和向北是当之无愧的飞行高手。他们对蓝天比对自己的家还要熟悉，只需要通过一小段敏捷的助跑，就能敏感地找到上升的气流。飞在空中时，他们的颈、腿、脚优雅而笔直，尾羽像扇子一样打开，黑白色的飞羽散开，上下交错，既能鼓翼飞翔，也能利用热气流在空中盘旋、滑翔，轻快又优美。长辈们的夸奖给了他们莫大的信心，他们暗自认为，今年的迁徙旅行中，如果说有能达成祖先的成就的，那必然是他们了。

集训时间过得很快，临出发前，爸爸再次讲解本次飞行的路线："我们要去位于长江中下游的中国最大的淡水湖泊——鄱阳湖。离这儿3000千米，路途适中，而且沿途有稳定的食物补给。"

"记住，我们是群居动物，要合群！"妈妈更喜欢强调纪律。

离家的时间是上午10时。从此时到下午3时往往是一天中气温较高的时刻，东方白鹳在空中会更舒适一些。面对长途旅行，合理安排体力很重要。向南的爸爸排在顶端，他的两侧翼尖后方各形成一个由内向外旋转的翼尖涡流，全家人只要选择合适的位置就能享受到持续的向上气流，就像搭顺风车一样。爸爸疲惫的时候，其他成年的东方白鹳会来替换。

向北跃跃欲试想要成为领头的鸟，却被妈妈一翅膀扇了回来。"小丫头翅膀硬了是吧！"她大声呵斥着。向北垂头丧气地飞回队伍中，现在她觉得祖先最令人钦佩的不是找到了红树林，而是"摆脱"了妈妈。

渤海湾
鸟类中转"机场"

经过了一周的长途旅行，东方白鹳家族来到了蜚声鸟界的大型中转"机场"——天津北大港湿地自然保护区。这里距渤海湾6000米，郁郁葱葱，丰富的植被适合各种鸟儿在这里生活。漫长迁徙路上，数不清的异乡鸟类慕名而来。更早抵达这里的鸟儿们大多数来自黑龙江省以北的俄罗斯远东地带，那边已经逐渐冰冻，食物开始短缺，路途中有限的食物分配让长途旅行更加疲倦与辛劳。但无论如何，来到这里就意味着至少可以拥有一段时间的安定。东方白鹳队伍也决定在这里停留、休整。

"风越来越大了。"另一位东方白鹳妈妈有点担忧："孩子们还小，一直逆风飞翔，可能影响发育。"

当晚，这位东方白鹳妈妈和家人决定旅行到此为止，今年选择在渤海湾过冬。

不得不说，这也是一个很务实的决定。相比附近的天津七里海湿地和河北曹妃甸湿地，北大港湿地自然保护区的水位明显更低，对于喜欢在浅水处捕食小鱼的东方白鹳来说，这里很宜居。

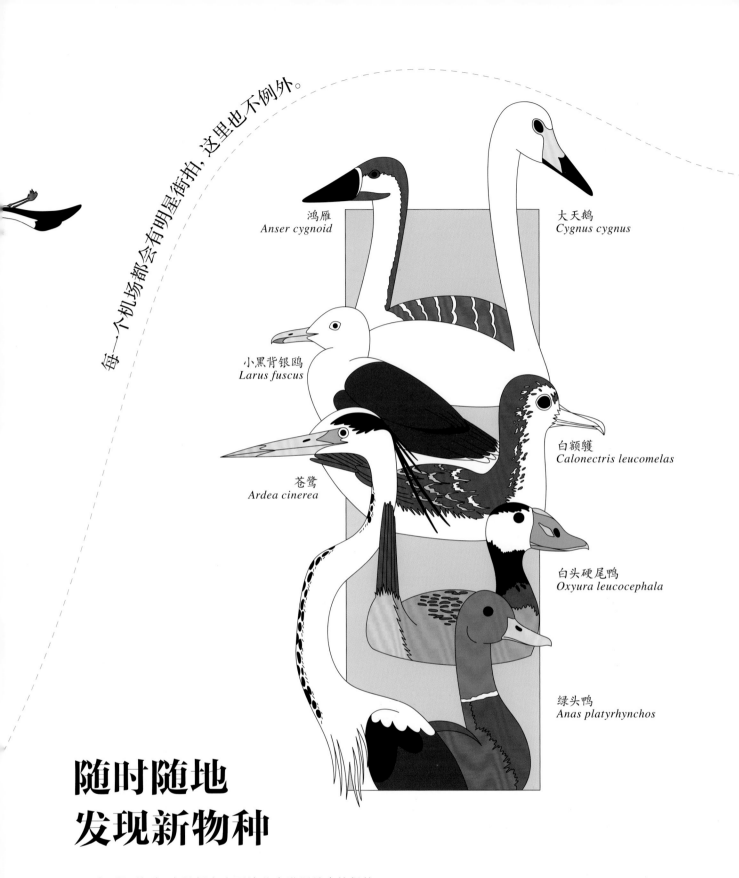

每一个机场都会有明星街拍，这里也不例外。

鸿雁
Anser cygnoid

大天鹅
Cygnus cygnus

小黑背银鸥
Larus fuscus

白额鹱
Calonectris leucomelas

苍鹭
Ardea cinerea

白头硬尾鸭
Oxyura leucocephala

绿头鸭
Anas platyrhynchos

随时随地
发现新物种

　　每到迁徙季，大批候鸟在天津北大港湿地自然保护区停歇、取食，补充能量，然后继续迁飞，他们的越冬地往往在东南亚、澳大利亚、新西兰，繁殖地可能在西伯利亚甚至北极，所以这里被称为鸟类中转"机场"。

　　候鸟们上万千米的旅行，就依靠这样一个又一个的中转"机场"，顺利完成迁徙，从而保障种群的繁衍。

"1, 2, 3…100…"

"数好了吗?"

"起开, 不会别瞎数!"

观鸟调查流程指南

在中国,不断有新的鸟类活动被发现和记录。从2014年5月至2022年年底,中国观鸟记录中心共收录1356种鸟,约占全国鸟种的93%,全球鸟种的15%;共收集235181篇报告、4200061次鸟种记录。在人们的观鸟活动中,鸟类分布的新记录在持续产生。

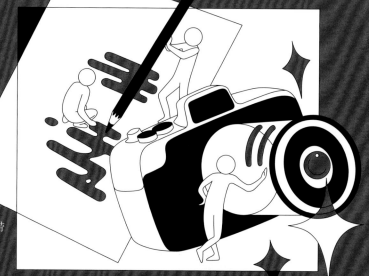

I 观鸟队伍组建

找齐至少3个朋友,带上纸笔、望远镜和相机,一起进行这次观测。

观察区域设定 2

确定观察区域,划定1条样线,在样线上设定样点。样点的设定一般采用系统抽样法。在样线上每隔200米设1处样点并用GPS定位。

3 观鸟时间建议

一般多数鸟类在日出后2小时和日落前2小时的时间段比较活跃，所以一天中最佳观鸟时间应在清晨和傍晚，避免在鸟类活动强度较低的中午进行。

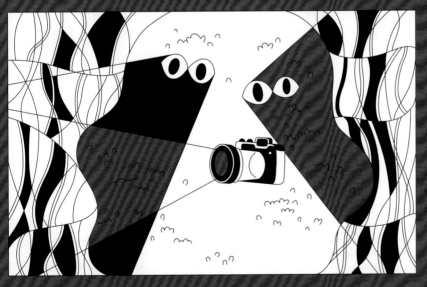

4 观察任务分工

如实记录听到、看到的鸟类种群数量。采用样线法调查时，两名调查人员同时沿样线以每小时1000~2000米的速度行进，记录样线两侧各50米距离内的鸟类。第三个人拍照留存。

寻找 红树林

　　休息了两天，向南和向北体力得以恢复，向南鼓起勇气向父母提出要分道扬镳，准备和妹妹一起去寻找祖先提过的红树林。

　　爸爸结结巴巴地说："真的吗？话说，当年找到红树林的祖先……似乎也是第一次迁徙的年龄……我看……其实……"爸爸一边说，一边偷偷瞄着妈妈。

　　"你看我像不像红树林？"妈妈打断了爸爸的话，还给了向南一翅膀。同时，她心里十分懊悔给孩子们讲那些祖先传奇故事，让孩子萌生了这么冒险的想法。

　　"你不能这样给孩子泼冷水。"爸爸说。

　　妈妈朝他瞪着眼，眼看就要吵起来了。

这个是环志，由特殊金属或彩色塑料制成。人们通常将带有全国鸟类环志中心通信地址和唯一编号的环志固定在鸟的跗跖上。现在戴有环志的鸟儿，一般是接受过救助的，背上也会携带GPS卫星定位装置以便放飞后对其进行持续监测。

环志鸟的捕捉、回收、观察、放飞等信息，各国环志科学家都能共享。1981年，"全国鸟类环志办公室"在中国正式成立，并在中国林业科学研究院组建了全国鸟类环志中心，在各地设置了鸟类环志工作站，我们可以通过这些机构得到许多与鸟类有关的信息。

"啊，不好意思打断一下。"一位长相看起来养尊处优、十分壮硕的东方白鹳摇晃着蹒步过来。他向东方白鹳家庭亮出自己的腿链表明特殊身份——2018年他被救助之后就装上了环志和GPS卫星定位装置，人类称他"A15"。

"别焦虑。"他说，"我当年在探险路上受了伤，但是人类的救助非常及时，出乎意料。"随后他讲述了当年的奇遇——他被偷猎者的箭射中，在带着箭挣扎飞行的过程中，被人类观测到。人们为了寻找他，出动了3台无人机，最终在草丛里找到了他，将他送进医院治疗，他在那里度过了最为温暖、舒服的一个冬天。

老东方白鹳停止回忆后，总结说："至少我们这些保护动物是安全的。"说着抬腿亮出环志："不出门的生活千篇一律，志在千里是好事，没准孩子们就是下一个传奇呢？安全，安全第一，但是安全是有保证的！"

"啊，对对对！"向北扑着翅膀附和着。妈妈气愤地转身飞走了，边飞边说："一看就不靠谱。"

爸爸赶紧给孩子们递了个眼色，虽有些不舍，但还是向着妈妈飞行的方向跟了上去。

两天后，向南和向北离开父母与鹳群，开始南下。

红色的误会

飞行了三天,向北看到地面出现了一片红色。

向南、向北将信将疑地降到低空,看见漫天的碱蓬草为无边的滩涂铺上红色植被,鸟群在一丛丛火红中纷飞。但是,看起来不太像是有树的样子。

一只丹顶鹤迎着他们飞过来。向北迎上去:"请问,这里是红树林吗?"

"不可能哟!"他说,"这是江苏哦,盐城湿地珍禽国家级自然保护区,长不出红树哟。"

他一边说一边围绕向南、向北盘旋着打量,啧啧赞叹:"东方白鹳?我听说过。跟熊猫差不多,国宝!"

他在空中费劲地用飞羽比出一个赞的手势:"从前咱丹顶鹤也不多,我好怕变国宝呢!还好现在多了。"向北被逗得咯咯直笑。

飞出很远后,向北才理解丹顶鹤话里的意思,成为国宝就意味着他们的种群数量少到一定的程度了。这下子,她的心情也低落了起来。

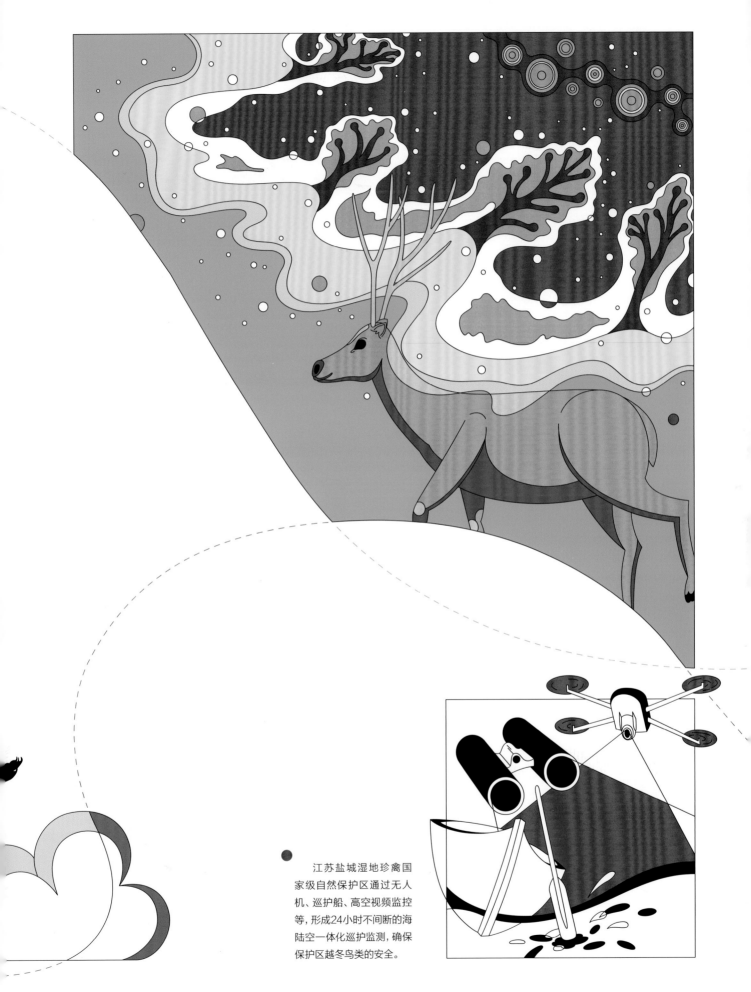

江苏盐城湿地珍禽国家级自然保护区通过无人机、巡护船、高空视频监控等，形成24小时不间断的海陆空一体化巡护监测，确保保护区越冬鸟类的安全。

白鹭飞过 山与湖

在日复一日的飞行中，南方的秋天已经来临。从天空往下看，树林逐渐点染出金黄或枫红这样浓烈的颜色，寻找红树林变得越来越没有头绪。

经过苏州同里的时候，夕阳西下，湖滩边5只白鹭呈"V"字队形飞了起来，看起来很像在北大港见过的老朋友。

"也许可以找他们问问路。"向南嘴里咕哝着，向北率先冲了过去。这里的白鹭比北大港认识的白鹭要小一大圈。

"常常会有候鸟把我们和大白鹭认错。"白鹭断然否认见过向北，他强调说，"我们是白鹭，在同里是留鸟，看这儿多美，我们哪儿也不想去。"

水杉林
中的邻里

　　这位名叫无为的白鹭，正在等待大群集结，闲来无事，拉着向南、向北兄妹俩闲聊起来。

　　这片同里国家湿地公园的水杉林，在白鹭圈子里闻名遐迩。树林面积广袤，树木枝干浓密，更重要的是，在每一年白鹭筑巢繁殖的6~8月，游客稀少、没有人声，只有充足的阳光、食物，以及安全的生活环境。

　　每一天，白鹭们都会在太阳升起时飞往觅食地，傍晚又分别返回附近的水田和山坡小树上休息，直到结成大群再一起进入树丛和竹林，晚上成群栖息在小块密林中的高大树木的顶部。

　　这里有白鹭喜欢的"中国式"邻里关系：留居在老家，按时上下班，与家族相依相伴。春天的水杉林中，适龄白鹭将巢穴搭建在彼此相邻的树杈间，他们一起产卵、哺育幼鸟……像极了中国传统乡村里固守千百年不变的邻里关系。

江南湿地

　　"无为"是顺应自然，就像山川河流中自有精微的设计，人类顺应自然的伟力，去寻找适宜的耕作方式。古代先民们小心翼翼地将自己的活动，镶嵌进这个复杂的生态系统，没有尝试去破坏或重组自然的秩序，因而获得了最好的答案。

　　中国古人，虽然没有专门为生物构筑湿地公园，但在江南，水稻种植却为生物提供了适宜生长的场所。

稻田中有江南独有的耕作智慧。在浅水滩里种植的水稻，是当地人的主食。稻田常年积水，也会蓄滞洪水、补充地下水，对于气候调节和维护生态平衡，具有其他农业系统无法替代的作用。

利用稻田的水域，农人们养殖鱼类，鱼类的粪便为水稻供给营养，水稻掉落的种子也会成为鱼儿们的食物。除了农人可收获的大鱼外，留在水塘的小鱼也可作为白鹭的美食。秋天丰收后，农人们会将稻茬就地焚烧，烧出的草木灰是很好的肥料，恢复了土壤的肥力。整个冬天，悠闲的农人们都不会劳作，他们晒塘泥，降低水塘水位，又恰好为水鸟提供了食物。

世间万物，融洽地共同生活，每一个生命都参与到其他生命的进程中，彼此依存又相互制衡。人类也通过这样的方式，了解和领悟到越来越多的自然规律。

什么也不做
是最难的

　　南飞路漫漫。向南、向北已经飞越了高山和大海，掠过了平原与河川，然而这场飞行似乎还遥遥无期。好在，每次需要休息、进食的时候，向南、向北总能找到合适的驿站。

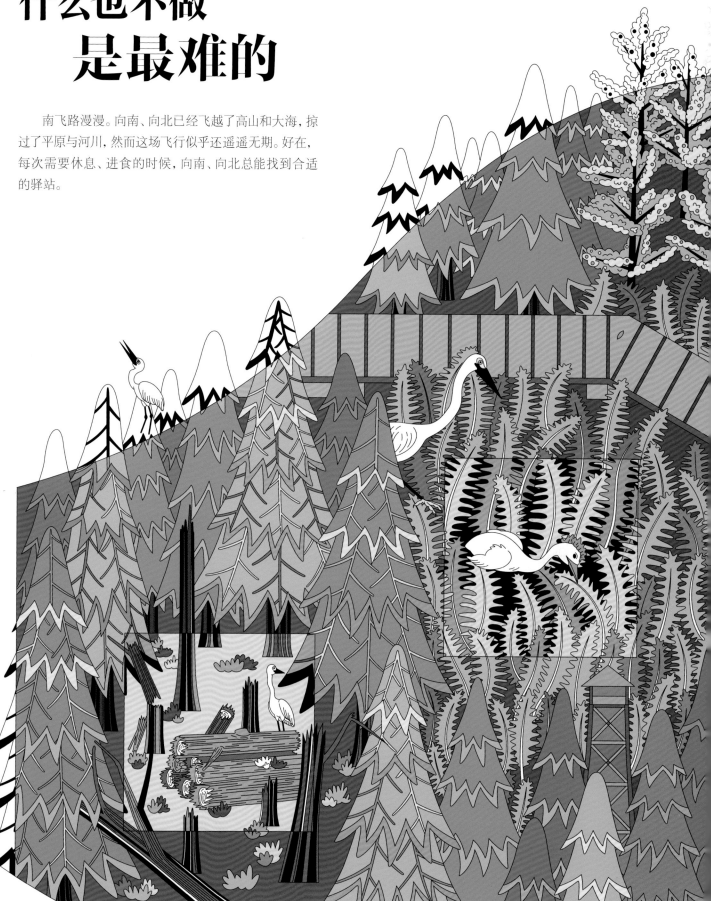

春风一夜到衡阳, 楚水燕山万里长。
莫道春来便归去, 江南虽好是他乡。

——明·王恭《春雁》

"魔术林"

这是只有观鸟爱好者才知道的暗号——树林里有一些地方，就像孤岛，虽然不起眼，但是鸟却特别多。

同里国家湿地公园有两片"魔术林"。一片位于公园中央，是香樟林、杉树林、银杏林、桃木林、荒草地、河流相交混合区域。另一片是南部草本沼泽保育区的树林，当年原本可以批量种植植物，但公园最后决定恢复种植红果冬青、山胡椒等较难养护的植物，以保持生物多样性。如今，这些树种正稳定地为鸟类提供更多食物来源，让这里成为鸟类的天堂。

坠雏不捡

对雏鸟来说，鸟巢不是绝对安全之地。每年4月至5月水杉的新枝还很柔嫩，这时刮风下雨，就会有雏鸟从鸟巢里掉落。

同里国家湿地公园的自然教育导师会告诉孩子，看到雏鸟掉下来不要碰，而是绕开他走，等待鸟妈妈来找他。

人的好心帮助，有时会让鸟妈妈找不到雏鸟，更加不利于雏鸟的归巢。坠落是学习飞行的第一步，在等待被救的过程中死亡的小鸟也可以理解为是一种自然的淘汰。

倒木不一定清理

自然的作用常常会让大树倒在森林里，人们需要清理它吗？

不一定。如果它倒下，最好的方式是把它们放平或者锯断，截成短木桩，洒在森林深处，让它被微生物逐渐腐化、分解，使之回归泥土。木桩上的菌类为昆虫提供了栖息空间，让木桩成为昆虫旅馆，渐渐地，刺猬、黄鼠狼、鸟儿等动物都会过来觅食。

生态廊道不落地

为了保证鸟类繁殖的安全环境，人们拆除了林下游乐设施，将木栈道提高20~30厘米，好像森林里的立交桥。这样的生态廊道让地面重新生长植物，也让蚯蚓、蟋蟀等小动物能够在桥底自由出没，这里便成为昆虫、鸟类和兽类喜欢的生境。

蚯蚓是土壤中具有重要生态功能的生物类群。蚯蚓在土壤中活动形成的生物孔隙，可以疏松土壤，进而提高土壤微生物数量、活性、组成和功能，从而增加土壤有机碳含量。

北方有红蚯蚓和黑蚯蚓，二者个头相差不大，黑蚯蚓要比红蚯蚓粗。在东北三省，黑土地土壤比较肥沃，所以蚯蚓比较多。

南方有青蚯蚓，也被当地人叫作绿蚯蚓。青蚯蚓通体青绿色，体形非常大，长度普遍为10~25厘米，直径比较粗。

"尝尝本地特产！这里的蚯蚓青绿中带着灰白，很大只，很好吃诶！"

"好奇怪，蚯蚓不是小的、红的吗？"

"……我听说南方人还吃甜豆花呢！"

观鸟屋前
悠闲生活

东方白鹳的到来属实让白鹭们兴奋了一阵, 毕竟, 见到这样 "鸟中国宝" 的机会并不算多, 话痨向北也叽叽喳喳地说个不停。当白鹭们听说他俩打算去寻找远方的红树林时, 吃惊得尾羽都炸开了: "跑这么远, 是家里待着不舒服吗?"

"来看看我家!" 无为邀请道。

向南、向北随无为去了同里北侧, 正是夕阳西下的时刻, 广阔的湖面波光粼粼, 湖的一侧是鸟儿们的觅食地之一——草本沼泽。

"这排小房子是观鸟屋。" 无为说。鸟儿们能看到屋子里高高低低的长方形观察窗, 能让人们在不惊动鸟群

的同时，看到近处鱼塘、远处挺水植物和浮水植物丛生的浅滩。观鸟屋的侧道和入口处用天然芦苇遮蔽着，不是长住的鸟儿，很难发现人的踪迹。

除白鹭外，这里还有60多种鸟类，甚至包括被世界自然保护联盟（IUCN）列为近危物种的红颈滨鹬和绿鹭、大白鹭、大麻鳽等8种鸟类。虽然这里离人很近，但是常来的鸟儿们并不介意，因为这里的人只是静静地看着鸟儿们漫步或低飞，享受他们觅食过程中难得的安详。

无为怂恿蕙兄妹俩去逛一圈试试："屋子里全是人类！看到国宝他们会激动到爆炸！"

辞别热闹

旁边的澄湖清风徐来，湖面上的树影婆娑，一条小船划了过来，一人摇橹，另外两人不紧不慢地从水里往上拉着什么。

向北感觉很刺激："这是不是捕鱼人？有没有捕鱼的水鸟，嘴特大的那种。"

"不是"，无为看了一眼说："这是科研人员，他们在采集水样。"

傍晚是鸟儿们最活跃的时间。突然一群14只的卷羽鹈鹕群落在了澄湖。

"他们是易危物种，也很少见。"无为向兄妹俩介绍起来。

这群卷羽鹈鹕身形非常庞大，灰白的羽色十分淡雅，在夕阳映照下像水墨画，头顶上一撮"卷毛"又显得

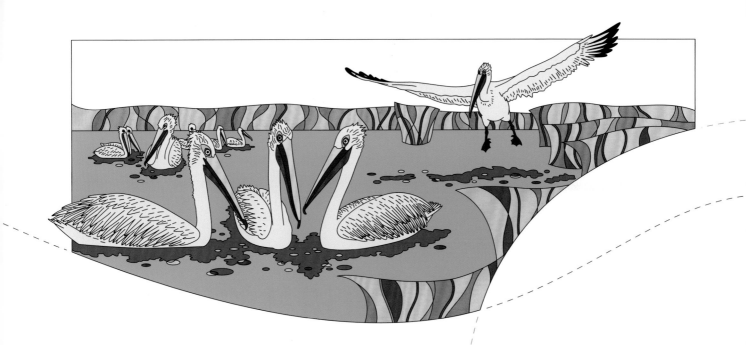

有些特立独行，最醒目的是黄色大嘴，一看就很能吃的
样子，看得向北羡慕不已。

不过，卷羽鹈鹕的到来让本来就不够宽大的澄湖显
得有些拥挤。

冬季的澄湖素来热闹，不仅有常见的红嘴鸥、黄腿
银鸥，还能在湖边的芦苇丛中发现苇鹀、中华攀雀，甚至
罕见的渔鸥、斑头秋沙鸭、红颈苇鹀也会来此过冬。对
于喜欢群居的鸟儿们来说，这样的地方实在不可多得，
但对于需要助跑才能起飞的东方白鹳，这里的热闹显然
意味着不方便。

"不知道爸爸妈妈到哪里了。"

向北看到卷羽鹈鹕的一大家子，有点想念妈妈。这
里很好，但是太吵了，她和哥哥显然都不太适应。

好在，中国第三大淡水湖太湖就在不远处。那儿的
水域面积是澄湖的50倍。这些年来一直在进行的退渔还
湖项目，让太湖水域变得宽阔而安宁。一望无际的湖水
清澈透明，水鸟在湖上飞翔，向南、向北选择离开澄湖，
到太湖休息了好几天，才重新出发。

类似澄湖这样的重要水域，一般会
有定期的水质监测，用于检测湿地水质
的透明度和各项指标，总体分析水生态
系统的健康状况。

目前，通用的地表水采样法需要工
作人员采集水面以下0.3～0.5米深的水
样，除了透明度可以通过直接观察得出
数据外，其他数据需将水样带回实验室
进行检测后得出，如总氮、总磷、pH值、
叶绿素、溶解氧含量等10多项数据。

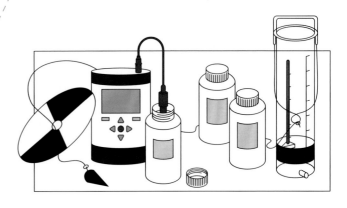

红树林的传说，
是真的

一路南下。

飞了好久，见过了不同的江河湖海，却始终没有找到传说中的红树林。渐渐地，气候明显不一样了，雨变得多了起来，风却比故乡轻柔温暖了些。

又是疲惫的一天。下午，向南看到了熟悉的身影。

"丹顶鹤在下面。"向南对向北大喊着，准备下去打个招呼，顺便问问路。

不料，这并不是在盐城遇见过的老熟人。这只丹顶鹤解释说："我从没离开过长隆这里。"她娇滴滴地指了指围栏，介绍自己叫作D416。"我可是被人类精心照顾的。什么也不用干，有吃有喝。"

　　"我是鸟中国宝。"向北不想弱了气势，赶紧也表明自己的身份。D416认真看了看向北又转开眼睛："不知道。没见过。我只认识真的国宝大熊猫。"

　　向南放弃了自我介绍，他问D416听说过红树林没有。D416懒洋洋地抬起翅膀指了个方向，说："往那边飞! 很快就到了!"

　　D416虽然没有离开过广州长隆飞鸟乐园，但经常接待各种过来拜访、蹭东西吃的鸟儿，所以到处都熟。她说只要再往东南方向飞90千米就到红树林了，对鸟儿们来说，90千米不算长途。

　　向南、向北兴奋极了，他们决定马上出发。临走前，D416犹犹豫豫地问："你们真的是国宝吗? 国宝为什么会在外面飞? 我的好朋友才是真正的国宝。"她想带向南、向北去看她的好朋友婷婷，婷婷是一只熊猫，就住在长隆野生动物园，人类会照顾她回四川老家生孩子，生完还能把孩子带来长隆一起生活。在D416看来，一举一动都有人照料的才算国宝。

　　但向南、向北急不可待，他们决定马上要飞往红树林，约好返程再见后，他们辞别了D416，直奔90千米以外目标。

与人类共同生活

从天上看长隆飞鸟乐园，兄妹俩惊叹不已。

大概在这里生活的鸟儿们都非常热衷社交。这应该是人最多最密集的湿地了。鸟儿们不是被关在笼子里，也没有被锁链锁住，但鸟儿们就是没有飞走，每种动物旁边都有饲养员、讲解员，但鸟儿们却都很自在。不得不说，这里对鸟儿们来说很宜居。飞鸟乐园里的仙鹤湾展区是一片草地，有树木、湖泊，这种环境是鹤类最喜欢筑巢的地方。丹顶鹤、黑颈鹤、灰鹤、白枕鹤等6种鹤类舒适地生活在一起，大家对人类的陪伴都感到充分的信任。

朝阳下，水草丛中，鹤类在翩翩起舞，他们也习惯了人类的惊叹声与镜头的快门声。这些鸟儿们都是被人类从小饲养大的，甚至有些鸟儿都是在人工孵化箱里破壳而出的。公园里的"鸟类繁育中心"开放鸟卵孵化、人工育幼、动物治疗等各种科研工作参观，他们的一举一动都在人类的观察中，早就习惯了。

最后90千米。两只东方白鹳乘着一股气流升到深圳平安中心上空，掠过深圳。玻璃幕墙的反射光让他们很不舒服，但想想还有最后90千米，他们还是没有休息，直接掠过了这些高楼。高楼逐渐稀少之后，后海湾出现了一大片开阔的湿地——基围塘水天一色，丛生的树林纵横多姿，鸟群在天空和林间尽情地滑翔，近处反嘴鹬拨弄着泥地，赤颈鸭把头扎进水里，摇晃着身子觅食。

"雷猴啊！大白！"低空处有只大白鸟大声喊着。他在红树林上空对东方白鹳兄妹招着翅膀，自来熟地摆了一下头，示意向南、向北跟上他，停在一片滩涂边。

神奇红树林

此刻正是黄昏，夕阳映照下，一边是年轻、蓬勃的沿海城市群，另一边是古老、静谧的米埔自然保护区，树丛枝叶浓密，寂无人声，偶有鸟鸣，更显得林间灿烂美好。

向南、向北跟着大白鸟落在一片泥滩上，看起来周围并没有其他树林，惊讶到眼前这片树林并不是红色的啊？向南、向北面面相觑，正想招呼"白鸟先生"，又看到这只大白鸟竟有一张黑脸和勺子一样的嘴。

"请问这里是红树林吗……白……黑先生？"向南拿不定主意该怎么打招呼。

大白鸟却很爽朗："是红树林没错！不过我可不是白黑先生，我是黑脸琵鹭，我的名字叫围棋。"向南、向北松了一口气。

看着不红，为什么叫红树林？

香港米埔—后海湾湿地位于香港西北部。

地理位置为东经113°59′~114°03′、北纬22°29′~22°31′。

湿地区内有高等植物约190种、鱼类约40种、鸟类约280种。

香港米埔—后海湾湿地有330公顷红树林，其中，115公顷在自然保护区。

剥开树皮，就能看到红色。那是红树植物里富含的鞣酸（$C_{76}H_{52}O_{46}$）遇空气被氧化的样子。

红树林到底是什么树呢？

红树林不是一种树，而是一个植物类群的集合名称。那些生长在热带海洋潮间带的木本植物，除了红树之外，红茄苳、秋茄、木榄等植物被统称为红树植物。由这些植物构成的树林被称为红树林。

51

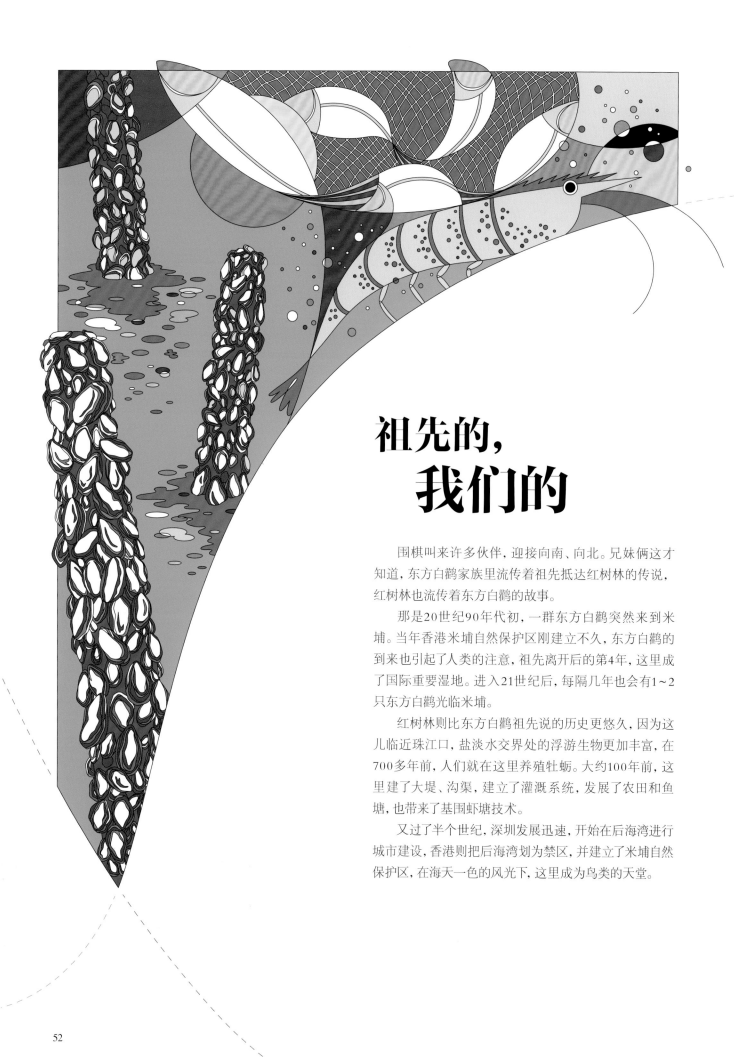

祖先的，
我们的

围棋叫来许多伙伴，迎接向南、向北。兄妹俩这才知道，东方白鹳家族里流传着祖先抵达红树林的传说，红树林也流传着东方白鹳的故事。

那是20世纪90年代初，一群东方白鹳突然来到米埔。当年香港米埔自然保护区刚建立不久，东方白鹳的到来也引起了人类的注意，祖先离开后的第4年，这里成了国际重要湿地。进入21世纪后，每隔几年也会有1~2只东方白鹳光临米埔。

红树林则比东方白鹳祖先说的历史更悠久，因为这儿临近珠江口，盐淡水交界处的浮游生物更加丰富，在700多年前，人们就在这里养殖牡蛎。大约100年前，这里建了大堤、沟渠，建立了灌溉系统，发展了农田和鱼塘，也带来了基围虾塘技术。

又过了半个世纪，深圳发展迅速，开始在后海湾进行城市建设，香港则把后海湾划为禁区，并建立了米埔自然保护区，在海天一色的风光下，这里成为鸟类的天堂。

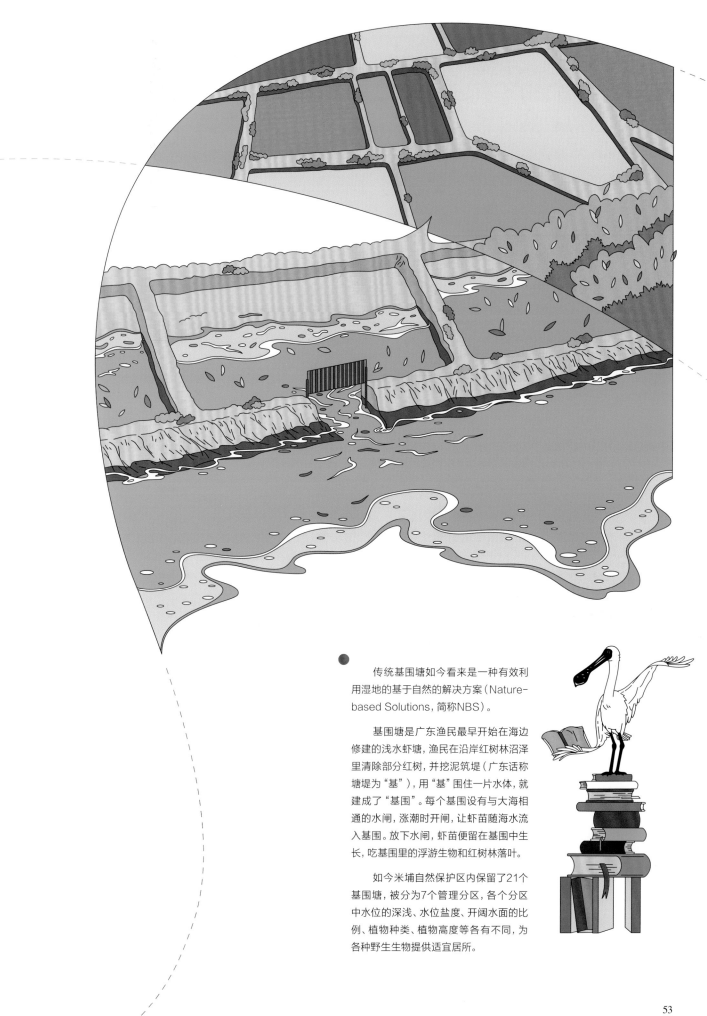

传统基围塘如今看来是一种有效利用湿地的基于自然的解决方案（Nature-based Solutions，简称NBS）。

基围塘是广东渔民最早开始在海边修建的浅水虾塘，渔民在沿岸红树林沼泽里清除部分红树，并挖泥筑堤（广东话称塘堤为"基"），用"基"围住一片水体，就建成了"基围"。每个基围设有与大海相通的水闸，涨潮时开闸，让虾苗随海水流入基围。放下水闸，虾苗便留在基围中生长，吃基围里的浮游生物和红树林落叶。

如今米埔自然保护区内保留了21个基围塘，被分为7个管理分区，各个分区中水位的深浅、水位盐度、开阔水面的比例、植物种类、植物高度等各有不同，为各种野生生物提供适宜居所。

守望
高潮位

当晚，向南、向北在红树林住了下来。第二天清晨，海上日出艳丽无比时，海水开始上涨。"这是今天的早潮。"围棋扑扇着翅膀，得意地大喊："见证奇迹的时刻！"便带着兄妹俩飞过红树林，来到了保护区内的高潮位栖息地。

这是一片20公顷的巨大湿地栖息地，许多鸟喜欢在浅水觅食，他们希望水深不要超过10厘米，大海每天涨潮时，后海湾的鸟类都会到这里来。人类为这些懒得飞的鸟儿们修筑了一个个缓坡，让他们可以从水里慢慢走到坡顶，这些人工缓坡就像一个个小岛。

不同的水位管理，可以引导不同的湿地鸟类分处不同环境，有针对性地进行栖息地营造，避免"地盘竞争"。

通过地形干预，基围的周边水道在夏天水位会高达2米，可供鱼虾生长，到了冬天鱼虾便成为鸟类的优质食物。同时，高潮位也能防止杂草过度生长。9月底至10月，所有基围塘堤的草本植物都会被割除，为越冬的候鸟提供休息的地方，冬天水位最低时仅有5~25厘米，能更好地迎接黑脸琵鹭等冬候鸟。

15厘米

20厘米

这简直是为向南、向北量身定制的生活。弯曲的岛屿线，让他们有许多舒适的地点可以站立，宽敞的场地为东方白鹳这种大型的鸟类提供了足够的空间，旁边还有一群小白鸟，是东方白鹳兄妹没见过的！

从高处看，涨潮的海浪翻起白色花边，向南、向北想起祖先流传的关于红树林的歌谣："海的远处还是海，树的背后还是树。"

语言不能形容海天一色，一生只有亲眼见一次，才知道祖先踏足过的天地如此辽阔，才知道自然如此神奇。

25厘米

200厘米

水牛服务局

那些鸟儿们互相看了看，其中一个小伙子向他们走来："雷猴啊！"

"你好，我们是东方白鹳。"向南赶紧说，"我叫向南，这是我的妹妹向北。"

"懂了，二位是候鸟。候鸟喜欢叫这种名字。"

小伙子是这群在芦苇塘湿地活动的牛背鹭中话比较多的，自称辉哥——"我们都工作于水牛服务局，两鸟一队，做一点跟水牛相关的工作。"他得意地指着牛群说道。

与这群牛背鹭共生的两头水牛，正在远处慢慢踱步，每一步都在软泥上留下拳头大的坑洞。向北看见一只小虫惊恐地从土里钻出来，还没定神，另一只牛背鹭冲上去一口将小虫吞掉。

快看……他们不怕牛哎！

人类说"真够牛的"是不是在讲他们啊？

水牛与牛背鹭等湿地水鸟是"共生关系"。牛背鹭吃水牛踩踏惊动飞出来的昆虫，以及水牛皮里的牛虻、牛虱等寄生虫；水牛也在他们的帮助下清理皮肤。目前，牛背鹭是世界上唯一以昆虫为主食的鹭类，其他鹭类的主食都是鱼。

觅食：这儿到处都是草地，苔藓以及各种叶片、种子都特别丰富，水牛踩出的坑还能繁殖超多小昆虫，想吃什么吃什么。不然呢，我们越长越大，每天吃自己一半体重的食物，离了这儿食物还真不一定好找。

活动：米埔这片芦苇塘，又开阔又湿润，都是我们最喜欢的，还有10只牛不停啃着芦苇，芦苇没法长高，芦苇塘的水面会一直这么宽、平，助跑起飞不在话下。地方不够宽，住着闹心啊。

睡眠：这儿水位低，又间杂零星芦苇丛和大树，白天便于活动、觅食，晚上找个安全的地方单足站着睡也稳当，这么好的综合条件可真不多！

天黑了。海涛声声，熟悉而动人。

向南和向北在米埔浅滩安睡，海岸线的夜，温暖又湿润。从现在开始，他们就要在红树林住下了，直到天气转暖。

而此时，爸爸、妈妈和弟弟、妹妹们已经在鄱阳湖安家。鄱湖鸟，知多少，飞时不见云和月，落时不见湖边草。鸟儿朋友虽然多，但东方白鹳父母最惦记的还是向南、向北这一双儿女。

丹顶鹤D416在人类的庇护下悠闲地生活，白鹭无为继续在同里做水乡的留鸟，牛背鹭辉哥大大咧咧地站在水牛的背上……每一只鸟都找到了自己喜欢的生活，他们与身边的物种、环境发生着复杂的关系，包容与共生是生态系统最深切的奥秘。

每一种生物，都如此诗意地栖居在这片大地上。

后记

伍一宁

安画

安画： 东方白鹳繁殖地这么稀缺，我在重庆自己家院子里为他们建招引巢，可以吗？

王婷： 咱们南方人就死心啦，他们不去你那里的，他们只在我国东北地区筑巢繁殖。

大悦： 哦，那在我哈尔滨朋友的家可以吗？

伍老师： 我代表东北朋友负责任地回答，也不行。东方白鹳主要栖息于开阔而偏僻的河流、沼泽湿地，特别是有稀疏且高大乔木的地方。人工招引巢还要靠近他的觅食地点，比如河泡边缘及芦苇塘的浅水处。咱们城市居住区里没有这样的自然条件。

大悦： 咱们的向南、向北飞得好远啊！每只东方白鹳都会来到香港米埔过冬吗？

王婷： 这个故事创作的灵感来源于一则观鸟新闻。在1990年至1991年冬季，香港曾记录到超过121只的东方白鹳群体，当年奇景至今仍是一个谜。2017年，香港又记录到一只东方白鹳来港过冬。2020年冬，又有两只东方白鹳现身香港后海湾，并在保护区内的基围觅食及过冬。

安画： 看来最近每隔两三年，东方白鹳就会奇迹般出现在中国南部沿海呢。这么神秘的鸟，怎么能知道他们中途还会经过哪些地方呢？

王婷： 当然是把各地观测东方白鹳的记录串联起来，再运用人类特有的"想象力"啦。

安画： 话说，大悦是怎么把东方白鹳的巢穴和生活场景画得这么细节的呀？

大悦： 这要感谢像伍老师一样的科研学者和野生动物保护机构提供的图片资料，还有各地观鸟人员分享的珍贵鸟类照片呀。

伍老师： 对，我们国家现在有大量科研人员，对鸟类进行研究和保护。

大悦： 而且很多湿地保护区还规划了海陆空一体化巡护监测设备，通过摄像头和探测器，真正做到24小时监测湿地状态。

大悦： 我们还要画东方白鹳飞回挠力河的故事吗？

安画： 我们不如留一点悬念，给读者们留下属于他们自己的想象空间。

王婷： 确实，但可以小小剧透一下啦。东方白鹳春季向北飞回繁殖地耗时会比秋天向南飞快很多。成鸟们往往是着急回去占领自己的旧巢穴。而年轻的向南、向北也会着急迁飞，是因为他们在比家族更远的地方越冬，所以只有更努力，才能赶上大部队的步伐呢。

大悦： 明年春天我们跟东方白鹳一起去动物园看D416的国宝朋友——熊猫吧！

安画： 毛茸茸的白毛，还有黑眼圈，真可爱。可以摸吗？

王婷： 不可以！熊猫虽然凭借着憨态可掬的外表，成为世界生物多样性保护的旗舰物种。但他们属于食肉目熊科的一种哺乳动物，是战斗力高强的猛兽。所以，你看他可爱，他看你可口！

大悦： 那就约好了，记得下次一起看动物！

安画： 下次见！

王婷： 再见啦！

致谢

　　本书从策划、制作到出版，横跨了大半年的时间。其间，我们工作沟通的文件也像候鸟一样在各地飞来飞去，从哈尔滨、北京到重庆、苏州、上海、广州、香港，最终成书出版。我们希望这本书，能传达出创作团队对自然的守护与热爱，并期待这种情感也会传递给每一位读者，在各位心中安顿。

　　在此，特别感谢科学顾问伍一宁、王贺、宋书岩、王金武、邹红菲、文贤继、冯育青、周敏军对本书生态科普内容的提供和建议，瞿菲璠作为青年读者代表对本书的建议，以及戴光福先生为作者提供的各种资料支持。最后，我们对每位支持、参与本书工作的专家、老师、朋友表示由衷的感谢！

图书在版编目（CIP）数据

向南飞, 向北飞 / 大悦, 王婷, 安画著. -- 北京：
中国林业出版社, 2023.2
ISBN 978-7-5219-1942-4

Ⅰ. ①向… Ⅱ. ①大… ②王… ③安… Ⅲ. ①鹳形目
－迁徙－普及读物 Ⅳ. ①Q959.7-49

中国版本图书馆CIP数据核字(2022)第205971号

科学顾问：伍一宁　王　贺　宋书岩　王金武
　　　　　邹红菲　文贤继　冯育青　周敏军
封面设计：林记工作室
策划编辑：张衍辉
责任编辑：袁丽莉　葛宝庆　张衍辉
————————————————
出版发行：中国林业出版社
（100009，北京市西城区刘海胡同7号，电话010-83143521）
电子邮箱：np83143521@126.com
网址：www.forestry.gov.cn/lycb.html
印刷：北京博海升彩色印刷有限公司
版次：2023年2月第1版
印次：2023年2月第1次印刷
开本：889mm×1194mm　1/16
印张：5
字数：40千字
定价：68.00元

大观自然

自然有美的、神奇的部分

也有残酷、艰辛的一面

人类在进化途中与其他生命分道扬镳

但包括人在内的所有物种

都同样永远在应对无穷无尽的挑战

大家各有生存策略

发展出属于自己的勇气、智慧、意志、力量和生存哲学

"大观自然"是一个很"哇"很"咦"的系列

从更多新角度去衡量物种的趣味与奥秘

让我们看见自然如何与生活紧密相依

公众号

微店

微博

小红书

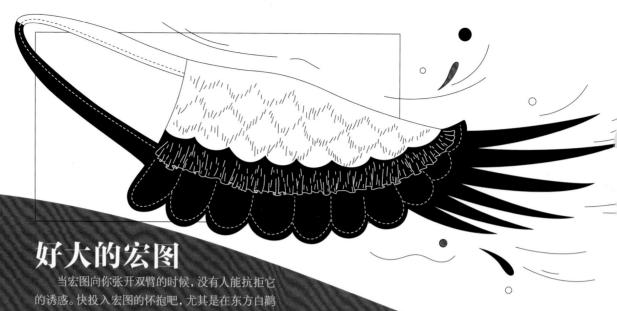

好大的宏图

当宏图向你张开双臂的时候，没有人能抗拒它的诱惑。快投入宏图的怀抱吧，尤其是在东方白鹳怀抱中，你便会明白什么是"大展宏图"的"大"。成年东方白鹳翼展一般约150厘米，最大达到过220厘米。本款翅膀包设计采用东方白鹳正常翼展尺寸开版，背上这款包，去给小伙伴画饼。

创意上身
你就是东方白鹳

2023东方白鹳历
（人也能用）

注意，本款日历主要标注东方白鹳关心的事情。所有东方白鹳应鸟翅一本，时刻注意不要错过行程。从2月繁殖回迁开始，一年的日程安排与路线，看了就明白。观鸟爱好者可掌握观鸟地点变化（捕猎者禁止购买）。